Bibliografische Information der Deutschen Nationalbibliothek:

Die Deutsche Bibliothek verzeichnet diese Publikation in der Deutschen National-
bibliografie; detaillierte bibliografische Daten sind im Internet über http://dnb.d-
nb.de/ abrufbar.

Impressum:

Copyright © 2018 GRIN Verlag
Druck und Bindung: Books on Demand GmbH, Norderstedt Germany
ISBN: 9783668700772

Pascal Führing

Der Laacher See. Historischer Kontext und Gefahrenpotenzial zukünftiger Eruptionen

GRIN Verlag

Collegium Josephinum Gymnasium Bonn

Der Laacher See

-

Historischer Kontext und Gefahrenpotenzial zukünftiger Eruptionen

Facharbeit im Grundkurs
Erdkunde G1
von
Pascal Führing

Schuljahr 2017/2018

Inhaltsverzeichnis

1.Vorwort:

Die Motivation zur Bearbeitung dieses Werkes ist maßgeblich auf meine Eltern zurückzuführen, die die Landschaft der Vulkaneifel oft als Wanderlandschaft nutzen. Infolgedessen hat mich die Natur der Vulkane schon immer begeistert. Vor allem begeisterte mich das zähflüssige Magma, flüssiges Gestein, das besondere Eigenschaften vorweist und das man auch nicht oft zu Gesicht bekommt. Des Weiteren besuchten meine Eltern mit mir des öfteren das Museum „Lavadom", welches den historischen Ausbruch des Laacher See-Vulkans anschaulich für Kinder darstellt. Innerhalb einer Führung durch das Laacher See-Gebiet betonten die Verantwortlichen oft, dass der Vulkanismus in der Eifel noch nicht erloschen sei und dass sich der Ausbruch in jedem Fall wiederholen würde, es sei nur eine Frage der Zeit. Vor allem in der Boulevardpresse laß man Anfang 2000 immer wieder, dass Mitten in Deutschland womöglich eine *„tickende Zeitbombe"*[1] gelegen ist. Doch ist diese Angst überhaupt gerechtfertigt und welche Geschichte birgt die scheinbare Idylle in sich? Diese Fragen motivierten mich, die Funktionsweise dieses Vulkans anschaulich darzustellen und sein Gefahrenpotenzial zu erörtern.

---

[1] Aus: http://www.lupuz.de/Eine-tickende-Zeitbombe.1056.html

2. Einleitung:

2.1 Vulkane - Die Geheimnisse der Tiefe

Es gibt wohl kaum ein anderes Naturereignis, das die Menschheit seit jeher so stark prägte wie der Vulkanismus. In der griechischen Mythologie bspw. führte man den Vulkanismus aufgrund seines zerstörerischen Potenzials auf den Feuergott „Vulcanus" zurück, wovon übrigens auch die Bezeichnung „Vulkan" abzuleiten ist. Diese Einstufung von damals zeigt bereits den großen Respekt, den die Menschen vor Vulkanen haben. Auch die Dichtkunst wurde von jenem mysteriösen Phänomen inspiriert. So auch Friedrich Hölderlin, einer der bedeutendsten deutschen Lyriker. In seinem Werk „Vulkan" (1804) beschreibt er in der 5.Strophe seine Impressionen eines Vulkanausbruchs:

„[...]Und rastlos tobend über den sanften Strom / Sein schwarz Gewölk ausschüttet, daß weit umher / Das Tal gärt, und, wie fallend Laub, vom / Berstenden Hügel herab der Fels fällt[...]"[2]

Das Gefahrenpotenzial, das von Vulkanen ausgeht, kann durch moderne Überwachungstechniken zwar begrenzt werden, allerdings nur in sehr geringem Maße. Das Grundproblem ist, dass der Ursprung vulkanischer Aktivitäten sehr tief unter der Erde liegt. Man kann zwar Bohrungen tätigen, allerdings sind diese aufgrund des Druckgradienten[3] auch nur begrenzt möglich. Doch der Vulkanismus hat durchaus auch positive Seiten. So zeigen Vulkane durch ihre fruchtbaren Böden ein besonders für die Landwirtschaft bedeutsames Nutzen. Außerdem entstehen in letzter Zeit immer mehr Projekte, die die geothermische Energie als Wärmekraftwerk nutzen. Des Weiteren ist das durch aufsteigendes CO_2[4] gefilterte Wasser seit jeher eine ausgeklügelte Marketing-Strategie des Mineralwasserkonzerns „Volvic".

Mitten in Deutschland besitzen wir eine Zahl an vulkanischen Aktivitäten, die Vulkaneifel[5]. Einer der bekanntesten Vulkane der Eifel ist der Laacher See Vulkan. Doch wie ist der Laacher See Vulkan eigentlich entstanden und besteht Gefahr, dass er in naher Zukunft ausbricht? Diesen und weiteren Fragen wird im Folgenden auf den Grund gegangen.

---

[2] Aus: Friedrich Hölderlin: Sämtliche Werke. 6 Bände, Band 2, Stuttgart 1953, S. 63-65.

[3] Der Umgebungsdruck steigt mit zunehmender Tiefe

[4] Kohlenstoffdioxid

[5] hohes Mittelgebirge im Westen Deutschland mit vulkanischer Aktivität

2.2 Innerer Aufbau der Erde[6]

Um die Funktionsweise von Vulkanen zu verstehen, sollte man sich zunächst einmal mit dem
Schalenaufbau der Erde vertraut machen. Diese Erkenntnisse wurden durch tiefe Bohrungen
ins Erdinnere, aber v.a auch durch die Aufzeichnung seismischer Aktivitäten[7] errungen. So
lassen bei Bohrungen bspw. besonders abrupte Dichtesprünge auf den Schalenbau der Erde
rückschließen. Zudem weiß man heute, dass sich die Schale in ihren physikalischen
Eigenschaften[8] unterscheiden. Insgesamt unterscheidet man drei Hauptschalen[9]: Erdkruste,
Erdmantel und Erdkern.

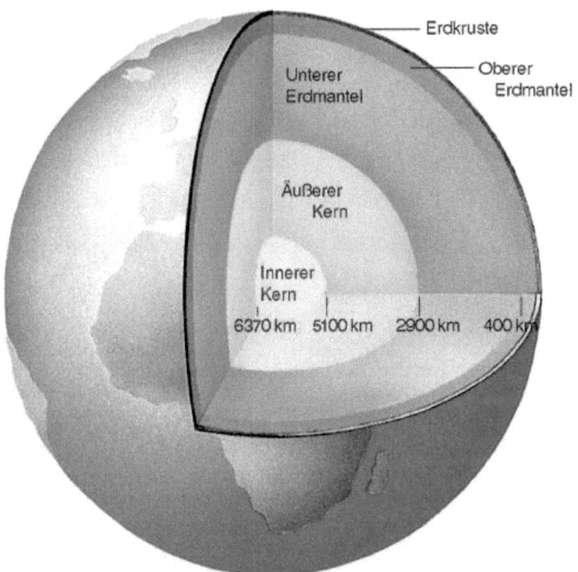

Abb. 1: Innerer Aufbau der Erde; Quelle: https://www.klett.de/alias/1011308

---

[6] Für Kapitel 2.2 wird hauptsächlich folgende Quelle verwendet: https://www.klett.de/alias/1011308
Sollten andere Quellen konsultiert worden sein, sind diese ebenfalls markiert.

[7] Bewegung der Erdplatten eines Planeten infolge von Erdbeben

[8] Temperatur, Druck, Dichte und Aggregatszustand

[9] Von außen nach innen

Die oberste Schale, die Erdkruste, ist etwa 30-50 km dick und besitzt eine Dichte[10] von 2,6 - 3 g/cm³. Ihre Entstehung ist maßgeblich auf aufsteigendes Magma zurückzuführen, das an der Erdoberfläche abgekühlt ist.[11] An der unteren Grenze der Erdkruste können bereits Temperaturen von 1000 °C und ein Druck von 10 - 15 kbar vorliegen. Des Weiteren unterscheidet man zwischen der ozeanischen Erdkruste, die eine Dicke von nur wenigen Kilometern aufweist und der kontinentalen Erdkruste, die eine Dicke von bis zu 200km erreichen kann.

Die Erdkrustenabschnitte bilden zusammen mit der obersten Schicht des oberen Erdmantels[12], die sog. *Lithosphärenplatten*, die auch äußere Gesteinshülle der Erde genannt werden. Die Lithosphärenplatten haben eine essentielle Bedeutung für die Entstehung von Erdbeben, denn diese bewegen sich ständig gegeneinander.

Während ein Teil des oberen Erdmantels überwiegend aus festen Materialien, wie z.B Kristallen besteht, wird dieser Teil noch durch die sog. *Asthenosphäre* unterlagert. Aufgrund der hohen Temperaturen, die im Schnitt 1200 - 1500 °C betragen und des hohen Drucks, der zwischen 300 - 500 kbar beträgt, werden hier die Gesteine aufgeschmolzen.

Im Gegensatz dazu ist der untere Erdmantel wieder fest, was maßgeblich auf die enorme Druckzunahme auf 1400 kbar zurückzuführen ist. Er erreicht eine Tiefe von bis zu 2900 km, besitzt eine Dichte von 5,6 g/cm³ und erreicht Temperaturen von 1900 - 3700 °C. Die Zusammensetzung gleicht in etwa der des oberen Erdmantels.

Dem Erdmantel schließt sich der äußere Erdkern an. Dieser ist aufgrund seiner hohen Temperaturen bis 4000 °C und des hohen Drucks von 2500 kbar wieder flüssig. Des Weiteren besitzt er eine Dichte von 12,1 g/cm³ und besteht zum Großteil aus Eisen und Nickel und zu einem kleinen Teil noch aus Sauerstoff und Schwefel.

Der innere Erdkern erreicht eine Tiefe von bis zu 6371 km. Trotz der hohen Temperaturen von max. 5000 °C ist der innere Erdkern fest. Dies ist allerdings nicht verwunderlich, da der Druck auf 3600 kbar ansteigt, was im Vergleich zum äußeren Erdkern einem Zuwachs von etwa 50 % entspricht. Aufgrund der hohen Dichte des Erdkerns, die im inneren Erdkern 12,5 g/cm³ erreichen kann, trägt der Erdkern zu ⅓ der Erdmasse bei.[13]

---

[10] Verhältnis zwischen Masse und Volumen (Aus: https://de.wikipedia.org/wiki/Dichte. Stichwort: Dichte)

[11] Aus: Vulkane der Eifel (...); von Hans-Ulrich Schmincke; S.11

[12] 50 - 100 km unter der Erdoberfläche

[13] Aus: Allgemeine Geologie; von Edward J. Tarbuck, Frederick K. Lutgens; S.390

2.3 Allgemeine Funktionsweisen von Vulkanen[14]

Allgemein kann man Vulkanismus als das Phänomen definieren, bei dem Magma vom Erdmantel bis zur Erdoberfläche aufsteigt. Doch wie entsteht Magma und warum steigt es nach oben auf?

Magma entsteht meist an den Rändern der Lithosphärenplatten. In der Asthenosphäre werden die Gesteine aufgeschmolzen und bilden sog. *Mantelströme*[15]. Diese können auf eine Tiefe von 100km aufsteigen, wo sie dann die festen Gesteine des oberen Erdmantels *partiell aufschmelzen*[16]. Das geschmolzene Gestein ist dann das eigentliche Magma. Logischerweise besitzt das Magma eine deutlich kleinere Masse als das darüber liegende Gestein des oberen Erdmantels. Dieses übt infolgedessen einen enormen Druck auf das Magma aus, wodurch das Magma in kleinere Risse des Erdmantelgesteins diffundiert. Das Magma sammelt sich v.a an der Grenze zwischen Erdmantel und Erdkruste, die auch *Moho* genannt wird. Dort verbleibt ein Großteil des Magmas, denn die Erdkruste ist deutlich leichter als der Erdmantel, wo die Magmen durch partielle Aufschmelzung entstanden sind. Infolgedessen fehlt ihnen der nötige Auftrieb[17], um in die Kruste aufzusteigen. Aus diesem Grund könnte man die Erdkruste auch als einen Schutzfilter interpretieren, der verhindert, dass die Mantelströme sofort an die Erdoberfläche gelangen. Die Magmen, die es schaffen durch Risse in die Erdkruste zu gelangen, sammeln sich dort in *Magmakammern*. Da immer mehr Magma nachfließt, erhöht sich der Druck in diesen Kammern , sodass es schließlich zu einer *Eruption*[18] kommt. Es ist allerdings zu beachten, dass der Aufstieg von Magmen auch Jahrhunderte oder gar Jahrtausende dauern kann. So kann sich bspw. über einen sehr langen Zeitraum eine sehr große Magmakammer bilden, die in der Fachliteratur als *Plume* oder *Hot-Spots* bezeichnet werden.[19] [20]

---

[14] Für Kapitel 2.3 wird hauptsächlich folgende Quelle verwendet: Vulkane der Eifel (...); von Hans-Ulrich Schmincke; S. 11-16
Sollten andere Quellen konsultiert worden sein, sind diese ebenfalls markiert.

[15] siehe Kap 2.2

[16] Nur etwa 10% des Mantelgesteins werden aufgeschmolzen

[17] Kraft, die auf Objekte in Flüssigkeiten oder Gasen wirkt und der Schwerkraft entgegengesetzt ist

[18] Ausbruch

[19] Aus: Fundamente Geographie Oberstufe, Klett 2014; S.22

[20] siehe Anhang 5.1

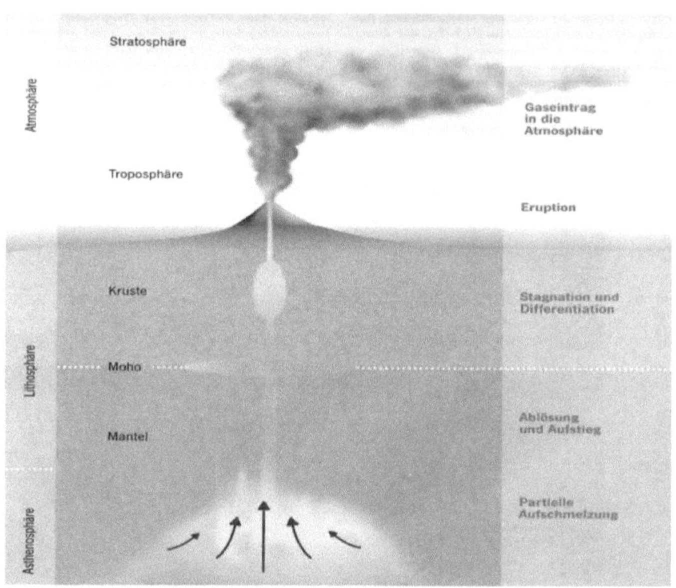

Abb. 2: Modellierte Darstellung des Laacher See-Vulkans bei einer Eruption; Quelle: Vulkane der Eifel (...); von Hans-Ulrich Schmincke; S.18

Des Weiteren gibt es noch unterschiedliche Möglichkeiten, wie das Magma an die Erdoberfläche gelangen kann. Man unterscheidet zwischen *kontinentalen Intraplattenvulkanen, Subduktionszonenvulkanen* und *Mittelozeanische Rücken.*

Die kontinentalen Intraplattenvulkane werden durch die oben erläuterten Hot-Spots gespeist. Subduktionszonenvulkane entstehen an *konvergierenden Plattengrenzen*, bei denen die ozeanische und die kontinentale Kruste aufeinandertreffen. Aufgrund ihrer geringeren Masse taucht die ozeanische Kruste unter die kontinentale in sog. *Subduktionszonen*, wo Teile ihrer Gesteine aufgrund der hohen Temperatur aufgeschmolzen werden. Durch das Abtauchen entstehen viele Rinnen, in denen das partiell aufgeschmolzene Magma des oberen Erdmantels bis an die Erdoberfläche aufsteigen kann.[21]

Des Weiteren kann Magma bei divergierenden Platten aufsteigen. Wird die kontinentale Kruste gedehnt, so kann sie an einigen Stellen aufreißen. Durch das Aufreißen werden wiederum neue Rinnen für das Magma gebildet. Dabei entstehen sog. *Mittelozeanische Rücken*, da das Magma im Wasser sofort erkaltet und verhärtet. Dieser Prozess wird in der Fachliteratur auch *Seafloor-Spreading* genannt.[22] Geschieht dies über einen längeren

---

[21] Aus: Fundamente Geographie Oberstufe, Klett 2014; S.22-23

[22] siehe Fußnote 16

Zeitraum, können auch Inseln entstehen. Island ist ein gutes Beispiel dafür. Auf die Kräfte, die die Platten bewegen, werde ich im Rahmen dieser Arbeit nicht eingehen.

3. Hauptteil:

3.1 Der Laacher See-Vulkan[23] [24]

Der Laacher See ist der bekannteste Intraplattenvulkan der Vulkaneifel, die in Rheinland-Pfalz im Westen Deutschlands gelegen ist. Genauer gesagt, befindet er sich in der Osteifel und liegt in der Nähe der Städte: Andernach (8 km Ost), Bonn (37 km Nordwest), Koblenz (24 km Südost) und Mayen (11 km Norden). Der oval geformte See umfasst eine Fläche von 3,3 km² und ist damit der größte See in Rheinland-Pfalz[25]. Außerdem besitzt er eine durchschnittliche Tiefe von 31m und eine maximale Tiefe von 55 m.[26] Der Laacher See-Vulkan brach zuletzt etwa 10930 v.Chr. aus[27] und gilt auch heute noch als vulkanisch aktives Gebiet.[28] In mancherlei Literatur findet man verschiedenste Bezeichnungen für den Vulkan, mal ist er ein *Maar*[29], mal ein *Krater* und mal ein *Caldera*[30]. Um die Frage nach der richtigen Bezeichnung erörtern zu können, sollte man sich zunächst die Entstehung des Laacher Sees klar machen. Heute geht man davon aus, dass die Mulde wahrscheinlich Folge mehrerer *phreatomagmatischer Explosionen* entstanden ist (siehe Abb.2). Dabei steigt das gasreiche Magma aus den Magmakammer durch Risse in der Erdkruste nach oben. Nach oben sinkt der Umgebungsdruck abrupt, sodass sich Gase in Form von Gasblasen vom Magma lösen. In diesem Zustand wird das Magma förmlich zerrissen, was man auch als *Fragmentierung*[31] bezeichnet. Ursache dafür ist der hohe Überlastungsdruck, der durch das Ablösen der

---

[23] Für Kapitel 3.1 wird hauptsächlich folgende Quelle verwendet: Vulkane der Eifel (...); von Hans-Ulrich Schmincke; S. 78-80
Sollten andere Quellen konsultiert worden sein, sind diese ebenfalls markiert.

[24] siehe Anhang 5.2

[25] Aus: Orographische, hydrologische Daten des Laacher Sees von Burkhard Scharf, Ulrich Menn; S.44

[26] Aus: https://de.wikipedia.org/wiki/Laacher_See. Stichwort: Laacher See

[27] Genaueres in Kap 3.2

[28] Genaueres in Kap 3.4

[29] Mulde, die durch Explosion infolge von Magma-Wasser Kontakt entstanden ist.

[30] Mulde, die durch Einsacken des Vulkans infolge einer geleerten Magmakammer entstanden ist.

[31] siehe Anhang 5.3

magmatischen Gase entsteht. Des Weiteren wird das Grundwasser durch die hohe thermische Energie der Magmen erhitzt, sodass es sich gemäß der *thermischen Expansion*[32] ausdehnt und den hohen Druck, der durch die von den Magmen abgelösten Gasen verursacht wurde, verstärkt. Beim Austritt aus der Erdoberfläche wird dieser Druck explosionsartig nach allen Seiten hin freigesetzt, was man sich in etwa wie bei einer geschüttelten Mineralwasserflasche vorstellen kann, deren gelöste Kohlensäure einen enorm hohen Druck entstehen lässt, der beim Öffnen der Flasche freigesetzt wird. Das Gas-Partikel-Gemisch wird dabei mit *Überschallgeschwindigkeit*[33] herausgeschossen, sodass ein trichterförmiger Krater entsteht. Dieser kann sich mit der Zeit ausdehnen, da Teile der Gesteine aufgrund des nachlassenden Drucks instabil werden. Dann wäre doch die Sache geklärt, der Laacher See ist ein Maar! So einfach ist es aber leider nicht, denn immerhin umfasst der Laacher See eine Fläche von 3,3 km², was für ein Maar eher unrealistisch groß erscheint. Deswegen geht man heute davon aus, dass Teile der Mulde erst nach der Eruption entstanden sind. So kann das Fundament des Vulkanbaus durch die entleerten Magmakammern instabil werden und infolgedessen auch zusammenbrechen.[34] Die Vertiefung, die dabei entsteht, wird unter Fachleuten *Caldera* genannt.[35] Letztendlich zeigt sich also, dass theoretisch alle drei Bezeichnungen richtig sind, da es unter Fachleuten unterschiedliche Hypothesen gibt. Somit wird sich die Frage nach der einzig richtigen Bezeichnung womöglich auch nie klären.

---

[32] Wasser nimmt bei Erhitzung an Volumen zu

[33] Geschwindigkeiten über 1226 km/h (Im Medium Luft)

[34] Aus: https://www.spektrum.de/lexikon/geographie/caldera/1318

[35] Aus: http://www.vulkane.net/vulkane/eifel/laacher-see-vulkan.html

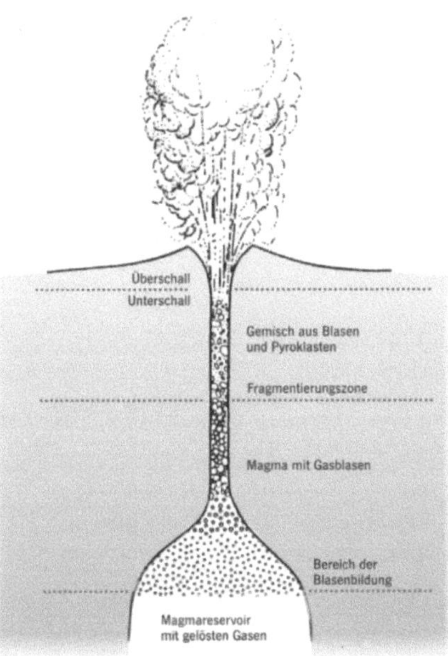

Abb. 3: Entstehung des Laacher Sees; Quelle: Vulkane der Eifel (...); von Hans-Ulrich Schmincke; S.82

3.2 Die Eruption des Laacher See-Vulkans vor 12.900 Jahren[36]

Die Eruption des Laacher See-Vulkans gilt als die gewaltigste Eruption in Mitteleuropa. Sie hatte eine Dauer von etwa 10 Tagen[37] und ist ein klassisches Beispiel für eine *plinianische Eruption*[38]. Bemerkenswert ist, dass die Lacher See-Eruption in vielen Aspekten der des Vesuvs[39], 79 n.Chr. ähnelt, was man v.a an der Ähnlichkeit der *Tephraablagerungen*[40] festmachen kann[41].

Zunächst war man sich gar nicht sicher, ob man den Laacher See als einzigen Ort der Eruption sehen kann. Man hat im Neuwieder-Becken, das etwa 20 km östlich vom Laacher

---

[36] Für Kapitel 3.2 wird hauptsächlich folgende Quelle verwendet: Vulkanismus; von Hans-Ulrich Schmincke; S.170-176
Sollten andere Quellen konsultiert worden sein, sind dieses ebenfalls angegeben.

[37] Aus: http://www.vulkane.net/vulkane/eifel/laacher-see-vulkan.html

[38] Nach Plinius, dem Jüngeren (79 v.Chr.) beschriebene explosive Ausbrüche, die mit gewaltigen Aschefällen verbunden sind

[39] aktiver Vulkan in Süditalien (Aus: https://de.wikipedia.org/wiki/Vesuv. Stichwort: Vesuv)

[40] Ascheschichten

[41] Aus: Vulkane der Eifel (...); von Hans-Ulrich Schmincke; S.81

See entfernt ist, *Bimsmassen*[42] gefunden, die wahrscheinlich aus dem Laacher See geschleudert wurden. Deshalb nahm man im 19. Jahrhundert an, dass es mehrere Krater im Umfeld vom 10 km gegeben hat, die an der Eruption beteiligt waren. Seit 1970 weiß man allerdings, dass diese Vorstellungen nicht stimmen, was man u.a durch Bohrungen nachweisen konnte.[43]

Die erste Phase der Eruption, die in der Fachliteratur auch oft als *„phreatomagmatische Initialphase"* bezeichnet wird, wurde im Grunde schon im vorangestellten Kapitel zur Entstehung des Laacher Sees erläutert. Die Spuren dieser Phase sind heute in etwa 5 km Umgebung des Laacher Sees zu finden. Dort finden sich in den Tephraablagerungen v.a Blattabdrücke, die auf die durch die Eruption verursachte Druckwelle hindeuten. Die nächste Phase der Eruption wird oft *„plinianische Hauptphase"* genannt.

Durch die anfängliche phreatomagmatische Explosion konnten große Mengen an CO_2 zusammen mit Asche,Bims und Magma entweichen. Es entstand eine plinianische Eruptionssäule aus Asche, Bims und anderen Gasen, die mit Geschwindigkeiten von bis zu 400 m/s [44] in die Atmosphäre aufstieg[45]. Man vermutet, dass sich diese in bis zu 30 km Höhe erstreckte, also noch bis in die Stratosphäre hinein. *Bimslapilli* und Aschen wurden dabei durch die vorherrschenden Winde 1000 km nach Schweden (Nordosten) und Norditalien (Süden) transportiert[46]. In dieser Phase, die etwa zwei bis drei Tage dauerte, wurden etwa 6,5 km³ Magma gefördert. Dies kann durch die heute dort liegenden *Fallout-Fächer* nachgewiesen werden. Daran schließt sich eine Phase phreatomagmatischer Explosionen an, die allerdings nur von sehr kurzer Dauer war.

Der anschließenden Phase verdanken wir die bis zu 60 m dicken Ablagerungen in Brohltal (5 km Nord) und Nettetal (150km Nordwest). Dieses Ablagerungen sind auf sog. *pyroklastische Ströme* zurückzuführen. Das Magma, welches nun die Erdoberfläche erreicht hat, tritt nun in Massen aus dem Krater. Die Ströme, die dabei entstehen, destabilisieren den Lavadom, sodass ein großer pyroklastischer Strom entsteht. Die Ablagerungen, die dabei entstehen, werden in der Fachliteratur *Ignimbrite* genannt. Diese Ströme wurden allerdings noch durch sog. *base*

---

[42] Verfestigte gasreiche Magmen (Aus: http://www.chemie.de/lexikon/Bims.html) und siehe Anhang 5.5

[43] Aus: Vulkane der Eifel (...); von Hans-Ulrich Schmincke; S.77

[44] Überschall (>300 m/s)

[45] siehe Anhang 5.4

[46] siehe Anhang 5.7

surges verstärkt. Nach einer gewissen Zeitspanne, stoppte der CO_2-Ausstoß, da die Magmakammern nun langsam leer wurden. Die *Pyroklastika* wurden aber in der Eruptionswolke eben durch diesen Gasschub in der Luft gehalten. So kam es zu einem Kollaps der Eruptionswolke, wodurch Aschen, Gase und Bims auf den Boden sanken und in Form von Glutlawinen am Vulkanhang abwärts flossen. Die Bildung solcher *base surges* ist ein typisches Merkmal einer plinianischen Eruption[47]. Dabei ist noch zu beachten, dass die Ströme Geschwindigkeiten von bis zu 400 km/h erreichen, Temperaturen bis 800 °C besitzen und Entfernungen von bis zu 60 km zurücklegen können und dies sowohl auf Land als auch auf Wasser. Aus diesem Grunde sind viele Vulkanologen der Meinung, dass von pyroklastischen Strömen das größte Gefahrenpotenzial ausgeht und nicht von der Eruption an sich.

So wie die Eruption des Vulkans begann, so endet sie auch, nämlich mit phreatomagmatischen Explosionen. Die Magmakammern, die nun allmählich geleert sind, wurden wahrscheinlich durch einströmendes Wasser befüllt. Diesmal kam also das Wasser zum Magma und nicht umgekehrt. Diese Annahme ergibt auch durchaus Sinn, da die hohe *Viskosität*[48] des Magmas wohl nicht ausgereicht hätte, um eine Explosion zu ermöglichen. Da eben erwähnt wurde, dass die Eruptionssäule bis in die *Stratosphäre*[49] reichte, kann man also davon ausgehen, dass die Eruption des Laacher See-Vulkans erhebliche Folgen für das Klima hatte. Dies ist v.a dadurch zu begründen, dass in der Stratosphäre kaum *vertikaler Impulstransport*[50] existiert, sodass Luftmassen dort oft jahrelang nachweisbar sind. Des Weiteren kommt es zu sog. *Gas-Partikel-Konversionen*, in denen Schwefeldioxid und Wasser zu *Sulfataerosol-Tröpfchen* reagieren, die einen Großteil der kurzwelligen Sonnenstrahlen wieder zurück in den Weltraum reflektieren. Infolgedessen kühlte es in der Region sehr stark ab.[51] Zudem können diese Schwefeltröpfchen auch in niedrigeren atmosphärischen Lagen mit Wasser reagieren und auch abregnen. In diesem Fall kommt es zu *saurem Regen*, der verheerende Folgen für Fauna und Flora der gesamten Region des Rheinlands hatte. Da diese

---

[47] siehe Anhang 5.6

[48] Zähigkeit

[49] Schicht der Atmosphäre von 12 - 50 km Höhe (Aus: http://wiki.bildungsserver.de/klimawandel/index.php/Stratosphäre)

[50] Höhenwind, der in tiefere Lagen herabgemischt wird (Aus: http://wetterkanal.kachelmannwetter.com/was-ist-der-vertikale-impulstransport/)

[51] Aus: http://www.scinexx.de/dossier-detail-468-6.html

Schwefelpartikel allgemein die Wolkenbildung fördern, kam es zu heftigen Niederschlägen, die Monate bis Jahre angedauert haben müssen und für große Schlamm -und Gerölllawinen verantwortlich waren.[52] Dabei ist allerdings zu beachten, dass die oben genannten Auswirkungen nicht auf die Eifelregion beschränkt waren, sondern die Auswirkungen womöglich ganz Mitteleuropa betrafen. Man mag sich aus diesem Grund schon gar nicht vorstellen, welche verheerende Auswirkungen eine heutige Eruption in Deutschland haben würde[53].

3.3 Heutiges Gefahrenpotenzial - Wie wahrscheinlich ist eine Eruption?[54]

Eine der häufigsten Fragen, die Vulkanologen erreicht, ist womöglich die Frage nach der Wahrscheinlichkeit einer zukünftigen Eruption des Laacher See-Vulkans.

Tatsächlich machte man sich bis vor 50 Jahren überhaupt keine Sorgen, da man sich unter Forschern eindeutig sicher war, dass der Eifelvulkanismus vollständig erloschen ist. Man interpretierte den Ausstoß an CO_2 als Ausklingen der Vulkantätigkeit. Der Ausstoß dieses Gases, den man v.a im Laacher See beobachten kann, kommt häufig vor Eruptionen vor, da CO_2 nur schwer löslich ist und das aufsteigende CO_2 auf Magma hindeutet, das sich bereits in der Erdkruste befindet.[55] Da der Ausstoß aber auch im Erdmantel passieren kann, ist der Ausstoß weder ein Zeichen für abklingenden Vulkanismus noch für unmittelbar bevorstehende Eruptionen. Des Weiteren interpretierte man die Maare als Späterscheinung des Vulkanismus. Allerdings fand man heraus, dass zwischen Maarvulkanismus und Vulkanfelder der Eifel kein zeitlicher Zusammenhang besteht. Zudem ist es grob fahrlässig, den vergangenen Zeitraum der letzten Eruption als Anzeichen für erloschenen Vulkanismus anzusehen. Die meisten vulkanischen Aktivitäten treten episodisch in meist unregelmäßigen Abstanden auf. Ein gutes Beispiel dafür ist die Vulkaninsel Gran Canaria[56], die seit 15 Millionen Jahren aktiv ist und Ruhepausen von bis zu 4 Millionen Jahren hatte. So wird es

---

[52] Aus: http://www.scinexx.de/dossier-detail-468-6.html

[53] siehe Kap 3.4

[54] Für Kapitel 3.3 wird hauptsächlich folgende Quelle verwendet: Vulkane der Eifel (...); von Hans-Ulrich Schmincke; S.131 - 135
Sollten andere Quellen konsultiert worden sein, sind dieses ebenfalls angegeben.

[55] siehe Kap 2.3

[56] Spanische kanarische Insel vor der Nordwestküste von Afrika (Aus: https://de.wikipedia.org/wiki/Gran_Canaria)

unmöglich, eine Eruption aufgrund des zeitlichen Abstands der letzten Eruption vorherzusagen. Sicher ist, dass es momentan keine Anzeichen dafür gibt, dass der Laacher See-Vulkan in absehbarer Zeit ausbrechen wird.[57] Messbare Anzeichen können Tage, Wochen, Monate oder gar Jahre vor der Eruption auftreten, sie können aber auch ganz wegfallen. Ein typisches Anzeichen einer bevorstehenden Eruption sind bspw. seismische Aktivitäten. Diese werden durch das Aufsteigen von Magma in den Vulkanschlot[58] verursacht.[59] Des Weiteren kann es durch aufsteigendes Magma zur Aufwölbung der Erdoberfläche kommen, was auf den enormen Druck zurückzuführen ist, der einerseits durch die ständig nachfließenden Magmen und andererseits durch die sich von den Magmen lösenden Gasen entsteht. Die Aufwölbung der Erdoberfläche wäre durch einfache Beobachtung wahrscheinlich nicht sichtbar und erfordert deshalb aufwendige Satellitentechnik. Aufwölbungen hat man zwar in letzter Zeit nicht messen können, allerdings kam es im Laacher See-Gebiet öfters zu Mikrobeben, die auf der Magnitudenskala[60] unterhalb der Stufe 1 blieben und deshalb nur durch Messgeräte sichtbar waren.[61] [62] Forscher führen die Mikrobeben auf aufsteigende Magmen zurück, die Teile des Grundwassers verdampften und dadurch für den Aufstieg von Wasserdampf sorgten. Darüber hinaus kann ein erhöhter Ausstoß von CO_2 oder SO_2 [63] auf ein bevorstehende Eruption hindeuten. Auch hier kann man mit dem bloßen Auge keine aussagekräftigen Belege anführen, da das meiste Gas umbemerkt in kleinen Rissen austreten kann. So muss man auf Satellitentechnik zurückgreifen. Ein weiterer Beleg für eine bevorstehende Eruption ist eine plötzliche Erwärmung der Erdoberfläche. Dies ist auf die hohe thermische Energie zurückzuführen, die das aufsteigende Magma besitzt. Allerdings leiten die Gesteine die Wärme sehr langsam, sodass man das „Wärme-Argument" nicht so zuverlässige Belege liefert wie das „CO_2-Argument".

---

[57] Stand März 2018

[58] Kanal, in dem Magma zur Erdoberfläche aufsteigt

[59] Aus: http://www.vulkane.net/lernwelten/schueler/aktiv13.html

[60] Skala zur Bestimmung der Stärke von Erdbeben

[61] Aus: https://www.rpr1.de/nachrichten/regional/ursache-fuer-erdbebenserie-eifel-geklaert

[62] Stand Juni 2017

[63] Schwefeldioxid

3.4 Folgen einer heutigen Eruption - „Was wäre, wenn?"

Im vorangestellten Kapitel wurde bereits erwähnt, dass es momentan keine Anzeichen für eine bevorstehende Eruption des Laacher See-Vulkans gibt, allerdings ist man sich unter Forschern sicher, dass die nächste Eruption irgendwann kommen wird. Doch in Folge dieser Erkenntnis, stellt sich vielen die durchaus berechtigte Frage: „Was wäre, wenn?" Ein Ausbruch des Laacher See-Vulkans wird in jeder nachhaltigen Dimension[64] katastrophale Folgen haben. Zunächst einmal wird durch die Eruptionssäule Asche teilweise bis in die Stratosphäre gefördert. Dies würde eine Katastrophe für den Luftverkehr darstellen, v.a für den Frankfurter Flughafen, der eine große internationale Bedeutung besitzt und einen essentiellen Standortfaktor für Unternehmen in Frankfurt darstellt.[65] Darüber hinaus sollte man sich im Klaren sein, dass eine Eruption, wie vor 12.900 Jahren, nicht nur Deutschland, sondern ganz Mitteleuropa treffen würde, da die Asche mit Hilfe der vorherrschenden Winde tausende Kilometer weit transportiert werden kann, man denke nur an die Tephrafächer in Norditalien und Schweden, die durch den Laacher See-Vulkan verursacht worden sind.[66] Ein weiteres Problem ist, dass viele Unternehmen ihre Produkte nicht mehr lagern können, um eine schnellere Lieferung zu gewährleisten. Ein Ausfall des Flugverkehrs würde bedeuten, dass die Produkte wieder gelagert werden müssten, wodurch wiederum Unkosten durch Lagerkosten für die Unternehmen entstehen. Des Weiteren würde sich die Lieferzeit für Produkte dadurch erhöhen, was wiederum der Kundenzufriedenheit schadet. Aber nicht nur in der Luft ergeben sich große Probleme, sondern auch am Boden, denn dieser wird nach der Eruption durch schnell fließenden pyroklastische Ströme besetzt, die bspw. ganz Bonn zerstören würden. Diese Ströme würden auch in den Rhein fließen, sodass aufgrund der hohen Viskosität der abgekühlten Magmen, ein großer Staudamm entsteht, der allerdings aufgrund des hohen Wasserdrucks zusammenbrechen würde und eine große Flutwelle erzeugen würde.[67] Die Flutwelle hätte enorme Auswirkungen auf die am Rhein gelegenen Chemiewerke, viele Chemikalien würden so ungeschützt in die Umwelt fließen.

---

[64] ökologische, ökonomische und soziale Aspekte

[65] Aus: http://www.general-anzeiger-bonn.de/region/Vulkanismus-in-der-Eifel-Was-geschieht-wenn-der-Laacher-See-explodiert-article46656.html

[66] siehe Kap 3.2

[67] Aus: Vulkane der Eifel (...); von Hans-Ulrich Schmincke; S.122

Auch Sozial gesehen, stellt der Ausbruch des Laacher Sees eine Katastrophe dar. Viele Menschen würden obdachlos werden und ihre Arbeit verlieren, wenn sie die Katastrophe überhaupt überleben. Denn v.a Personen, die unmittelbar im Umkreis des Vulkans leben, könnten bei nicht erfolgter Evakuierung nur schwer gerettet werden. Denn die wenigsten Menschen wissen, dass bei einem Vulkanausbruch weder Motoren noch Funkgeräte funktionieren. (Genauer)

Eine weitere Auswirkung, die allerdings durch die verheerenden sozialen und ökonomischen Folgen in den Hintergrund gerät, ist der durch Ausbruch verursachte hohe Ausstoß an Kohlenstoffdioxid[68]. Dieses ist eines der wichtigsten natürlichen Treibhausgase, das bei zu hoher Konzentration in der Atmosphäre konstruktiv zur globalen Erwärmung beiträgt.

Die o.g Folgen sind natürlich in jeder Hinsicht katastrophal. Doch gerade in Folge dieser Erkenntnis stellt sich vielen die Frage, warum es keinen Notfallplan für einen Vulkanausbruch gibt. Generell gilt aber, dass die Wahrscheinlichkeit eines Ausbruchs in den Medien stark hyperbolisiert dargestellt wird. Es gibt bisher keinerlei Anzeichen für eine bevorstehende Eruption.[69] Des Weiteren würde sich ein Ausbruch schon lange vorher ankündigen, sodass man entsprechende Maßnahmen einleiten kann.[70] Die Vorstellung, dass der Eifelvulkanismus eine echte Gefahr ist, wird nicht zuletzt durch den Essener Geologen Prof. Dr. Ulrich Schreiber verstärkt. Er ist durch seine sehr überdramatisierten und nicht hinreichend belegten Thesen, die er gerne schnell an die Boulevardpresse weiterleitet, bekannt und dadurch auch für die maßlose Überinterpretation des Eifelvulkanismus teils verantwortlich.

„Den kann man nicht ernst nehmen[…]. Er ist nichts weiter als ein großer Schwätzer"[71], so äußert sich der renommierte deutsche Geologe Prof. Dr. Hans-Ulrich Schmincke zu dem umstrittenen Essener Geologen. Des Weiteren warnt er:

„Durch die Überinterepretation des Vulkanismus werden die schönen und eigentlich wichtigen Seiten des Vulkanismus verschüttet. […] Einen zeitnahen Ausbruch dieses großen Vulkans halte ich für sehr unwahrscheinlich und selbst wenn, würde er sich lange vorher ankündigen.[…] Gefährliche Eruptionen sind zudem sehr selten und führen nur in den wenigsten Fällen zu einer Vielzahl von Todesopfern."

---

[68] Aus: https://www.eike-klima-energie.eu/2017/04/15/wieviel-co2-stossen-vulkane-aus/

[69] Aus einem Telefonat mit Prof. Dr. Hans-Ulrich Schmincke

[70] Aus einem Telefonat mit Prof. Dr. Hans-Ulrich Schmincke

[71] Aus einem Telefonat mit Prof. Dr. Hans-Ulrich Schmincke

3.5 Vulkaneifel - Fluch oder Segen?

Wenn man allerdings direkt vor Ort ist und sich selbst einen Eindruck verschafft, kann man sich gar nicht vorstellen, dass dieses Gebiet einmal Ursprung einer großen Eruption war, die ganz Mitteleuropa betraf und auch in Zukunft betreffen könnte. Tatsächlich scheinen hier die Vorteile des Vulkansparks den Gefahren zu überwiegen, v.a in ökonomischer Dimension.

Der Raum der Vulkaneifel ist besonders aus wahrnehmungsgeographischer Perspektive[72] attraktiv. So ziehen die schönen (Maar-)Landschaften jährlich Millionen Touristen an[73]. Dieser Umstand wird durch errichtete Wanderwege, Informationstafeln, einem Infozentrum und Museen unterstützt. Der Tourismus bringt des Weiteren Vorteile für die dort gelegenen Einzelhandelsketten.

Dass von Vulkanen auch die Landwirtschaft, insbesondere der Weinanbau, aufgrund der fruchtbaren Böden profitieren kann, war schon zu Zeiten des Vesuvs bekannt.

Außerdem sind Vulkane natürliche Energiequellen. Die aufsteigenden Magmen besitzen eine enorm hohe thermische Energie. Diese Energie könnte man nutzen und bspw. auch in andere physikalische Energieformen umwandeln[74]. Allerdings ist es bisher unklar, ob sich der technische Aufwand lohnen würde, denn ob die thermische Energie als rentabler Energieträger ausreicht, ist bisher nicht ganz erforscht. Des Weiteren sollte man sich darüber im Klaren sein, dass viele Teile des Eifelvulkan-Gebiets, aufgrund des Vorkommens seltener Tierarten und der besonderen geologischen Gegebenheiten, Naturreservate sind. Der Sitz von Energieindustrien wirkt doch dann mehr als absurd.[75]

Zudem bietet der Vulkanpark wertvolle Ressourcen wie Basalt -oder Lavagestein, das bspw. als Straßen -oder Gleisbaustoff verwendet wird[76].

Außerdem sind die Gewässer der Vulkaneifel aufgrund des von den Magmen gelösten Kohlenstoffdioxids und der Mineralien der Gesteine Produzenten für die Mineralwasserindustrie, darunter *Volvic, Gerolsteiner* usw.[77]

---

[72] Wahrnehmung von Räumen

[73] Aus: http://www.statistik.rlp.de/fileadmin/dokumente/datenkompass/ergebnisse/datenblatt/tou/233.pdf

[74] Aus: https://www.planet-wissen.de/technik/energie/erdwaerme/index.html

[75] Aus einem Telefonat mit Prof. Dr. Hans-Ulrich Schmincke

[76] Aus: http://www.steine.de/steine/basalt

[77] Aus: https://www.nachdenkseiten.de/?p=4417

Es zeigt sich also, dass die Region der Vulkaneifel besonders aus ökonomischer Perspektive
von dem Bestand des Laacher See-Vulkans profitiert. So erweisen sich die fruchtbaren Böden
als nützliche Faktor für die regionale Landwirtschaft insbesondere dem Weinanbau und der
Tourismus wirkt sich positiv auf regionale Dienstleistungsunternhemen, wie z.B Gaststätten
und Handelsunternehmen aus.

4. Schlussteil:

<u>4.1 Reflektierte Schlussfolgerung in Bezugnahme auf die leitende Fragestellung</u>

Es zeigt sich also, dass man bereits durch seismische Aufzeichnungen und Bohrungen sehr
viel über den Aufbau der Erde herausgefunden hat und somit auch mittlerweile fast alle
Geheimnisse des Vulkanismus gelüftet hat. Gerade die intensive Forschung des Vulkanismus
seit 1970 hat viele Erkenntnisse über den historischen Ausbruch sowie allgemein über die
faszinierenden Prozesse, die einem Vulkanausbruch vorangestellt sind. Der Ausbruch des
Laacher See-Vulkans hatte katastrophale Auswirkungen für ganz Europa, allerdings betrafen
diese weitläufig nur ökologische Aspekte, denn große Siedlungen scheint es zumindest im
Umfeld der Eifel noch nicht gegeben zu haben. Seit etwa einem halben Jahrhundert ist man
sich unter Forschern sicher, dass der Laacher See-Vulkan in unbestimmter Zeit ausbrechen
wird. Allerdings wären die Auswirkungen in der heutigen Zeit katastrophal. Große Sach -und
Personenschäden, wirtschaftlicher Einbruch, Klimaauswirkungen und fehlender Flugverkehr
sind nur einige der vielen Auswirkungen. Es ist allerdings grundsätzlich falsch, Vulkanismus
nur auf sein Gefahrenpotenzial zu reduzieren, zumal es geologisch gesehen keinerlei
Hinweise auf einen zukünftigen Ausbruch gibt. Ein Blick in die Vergangenheit zeigt, dass sie
mehr Nutzen für den Menschen hatten und immer noch haben, als eine Gefahr darzustellen.
In Bezug auf die leitende Fragestellung[78] in der Einleitung kann man also sagen, dass die
Frage nach der Entstehungsgeschichte sowie die Frage nach der Möglichkeit eines Ausbruchs
im Wesentlichen geklärt worden ist.
Es zeigt sich, dass die Frage nach dem Zeitpunkt sowie der Gefahr einer Eruption des Laacher
See-Vulkans bei Betrachtung der geringen Hinweise auf einen Ausbruch, allgemein der
unwichtigste Aspekt für den Vulkanismus darstellt und eigentlich nur Arbeit unseriöser

---

[78] siehe Kap 2.1

Wissenschaftler und nach Aufmerksamkeit strebender Medien ist, was im Hintergrund der eigentlich faszinierenden Prozesse des Vulkanismus die eigentliche Katastrophe darstellt.

- 20 -

5.Anhang:

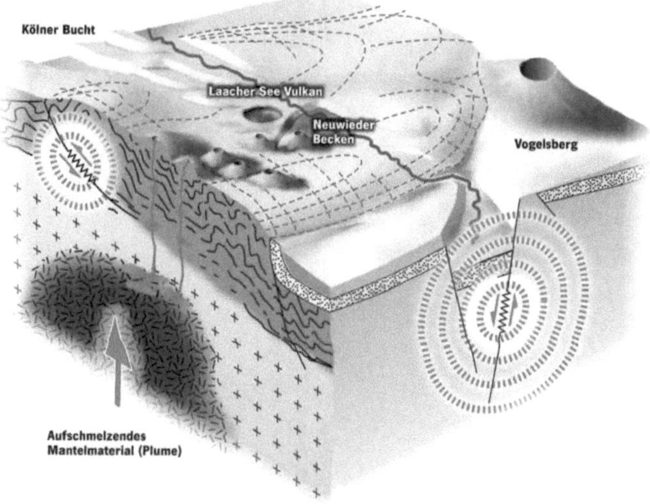

5.1 Modellhafte Darstellung der Hot Spots in der Vulkaneifel und tektonische
Verwerfungen, die beim Aufstieg des Magmas Erdbeben erzeugen (kleine rote Pfeile);
Quelle: Vulkane der Eifel (...); von Hans-Ulrich Schmincke; S.17

5.2 Luftaufnahme des Laacher See Gebiets;
Quelle: https://de.wikipedia.org/wiki/Laacher_See#/media/File:Laacher_See_-
_Luftaufnahme.jpg

5.3 Fragmentierung von Magma infolge von Wasserkontakt (Fotografie);
Quelle: https://i.pinimg.com/originals/86/7e/c5/867ec5882a63776491cca361f9a80242.jpg

5.4 Eruptionssäule eines Vulkans in Ecuador;
Quelle: https://upload.wikimedia.org/wikipedia/commons/4/4b/Erupcion_guagua_rgb.jpg

5.5 Bimsstein mit merkmalstypischen Poren (Gashohlräume);
Quelle: https://upload.wikimedia.org/wikipedia/commons/4/4b/Erupcion_guagua_rgb.jpg

5.6 Pyroklastischer Strom infolge einer kollabierten Eruptionswolke (Fotografie);
Quelle: http://www.vulkane.net/vulkanismus/pyroklastische-stroeme-glutwolken.html

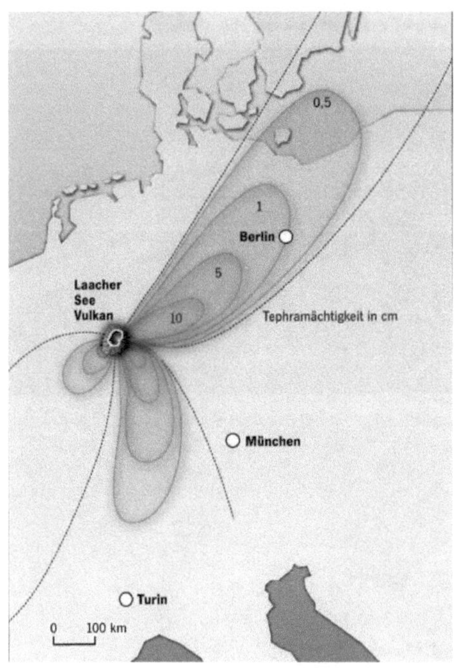

5.7 Kartographische Darstellung der durch die Winde getriebene Asche der Laacher See-Eruption vor 12.900 Jahren;
Quelle: http://www.vulkane.net/vulkanismus/pyroklastische-stroeme-glutwolken.html

5.8 CO_2 - Austritt im Laacher See
Quelle: http://www.vulkane.net/vulkanismus/pyroklastische-stroeme-glutwolken.html

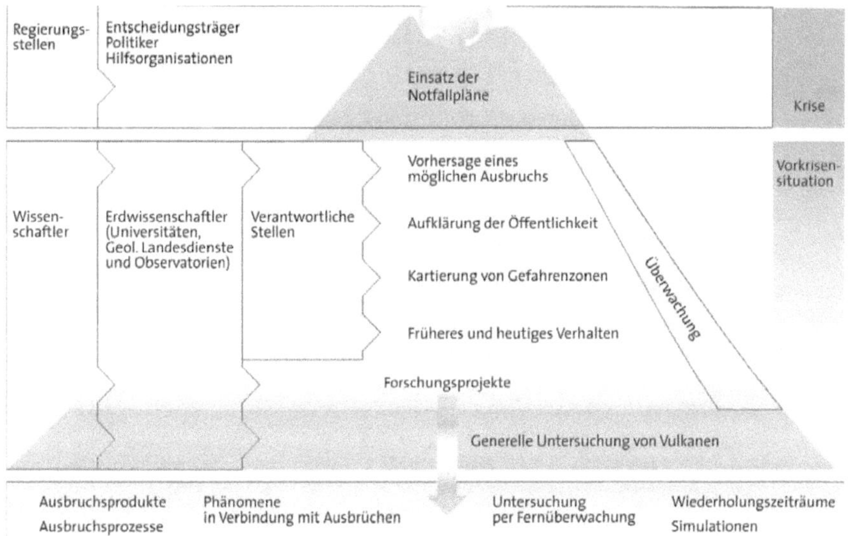

5.9 Beobachtung einer vulkanischen Gefahr; Quelle: Vulkanismus; Hans-Ulrich Schmincke; S.194

6. Literatur -und Quellenverzeichnis

6.1 Literaturverzeichnis

6.1.1   SCHMINCKE, Hans Ulrich (2014): Vulkane der Eifel. Aufbau, Entstehung und heutige Bedeutung. 2.Auflage: Springer Spektrum Verlag

6.1.2   SCHMINCKE, Hans Ulrich (2000): Vulkanismus. 2.Auflage: Wissenschaftliche Buchgesellschaft

6.1.3   KREUS, A. & V. D. RUHREN, N. (Hg.) (2008): Fundamente. Geographie Oberstufe. Stuttgart: Ernst Klett Verlag

6.1.4   BURKHARD SCHAAF, ULRICH MENN: Orographische, hydrologische Daten des Laacher Sees

6.2 Internetquellenverzeichnis

6.2.1   http://spektrum.de. Autor ungenannt: Caldera. https://www.spektrum.de/lexikon/geographie/caldera/1318

6.2.2   http://vulkane.net (2017). Autor: Marc Szeglat: Laacher See Vulkan. http://www.vulkane.net/vulkane/eifel/laacher-see-vulkan.html

6.2.3   http://chemie.de. Autor: ungenannt: Bims. http://www.chemie.de/lexikon/Bims.html

6.2.4   http://scinexx.de (16.10.2009). Autor: Dieter Lohmann: Vulkan-Inferno in der Eifel. http://www.scinexx.de/dossier-468-6.html

6.2.5   http://vulkane.net (2017). Autor: Marc Szeglat: Haben Erdbeben etwas mit Vulkanen zu tun? http://www.vulkane.net/lernwelten/schueler/aktiv13.html

6.2.6   http://rpr1.de (19.06.2017). Autor: ungenannt: Ursache für Erdbebenserie in Eifel: Magmatische Aktivität unter Laacher See. https://www.rpr1.de/nachrichten/regional/ursache-fuer-erdbebenserie-eifel-geklaert

6.2.7   http://sueddeutsche.de (17.05.2010; 21:18 Uhr). Autor: Axel Bojanowski: Ameisen als Alarmsystem. http://www.sueddeutsche.de/wissen/vulkanausbrueche-ameisen-als-alarmsystem-1.363248

6.2.8   http://general-anzeiger-bonn.de (20.10.2009). Autor: Wolfgang Kaes: Vulkanismus in der Eifel: Was geschieht, wenn der Laacher See explodiert? http://www.general-anzeiger-bonn.de/region/Vulkanismus-in-der-Eifel-Was-geschieht-wenn-der-Laacher-See-explodiert-article46656.html

6.2.9   http://eike-klima-energie.eu (15.04.2017). Autor: Chris Fey: Wieviel CO2 stoßen
Vulkane aus? https://www.eike-klima-energie.eu/2017/04/15/wieviel-co2-stossen-
vulkane-aus/

6.2.10 http://wz.de (18.06.2008). Autor: Thomas Schulz: Die Eifel-Vulkane brodeln. http://
www.wz.de/home/panorama/die-eifel-vulkane-brodeln-1.231643

6.2.11 http://zeit.de (06.04.2006). Autor: Andreas Senkter: Warnung der Ameisen. http://
www.zeit.de/2006/15/Warnung_der_Ameisen

6.2.12 http://statistik.rlp.de. Statistisches Landesamt Rheinland-Pfalz (Stand: 2016).
Datenkompass Tourismus. Landkreis Vulkaneifel. http://www.statistik.rlp.de/
fileadmin/dokumente/datenkompass/ergebnisse/datenblatt/tou/233.pdf

6.2.13 http://planet-wissen.de (02.06.2017; 13:00 Uhr). Autoren: Jochen Zielke/Wolfgang
Richter. Erdwärme. https://www.planet-wissen.de/technik/energie/erdwaerme/
index.html

6.2.14 http://steine.de. Autor: ungenannt: Basalt. http://www.steine.de/steine/basalt

6.2.15 http://nachdenkseiten.de (18.12.2009; 9:49 Uhr). Autor: Wolfgang Lieb: Verbirgt sich
hinter der Trinkwasserinitiative von Volvic mehr als positives Product-Placement und
Effekthascherei? https://www.nachdenkseiten.de/?p=4417

6.2.16   https://de.wikipedia.org/wiki/Dichte. Stichwort: Dichte

BEI GRIN MACHT SICH IHR WISSEN BEZAHLT

- Wir veröffentlichen Ihre Hausarbeit,
  Bachelor- und Masterarbeit

- Ihr eigenes eBook und Buch -
  weltweit in allen wichtigen Shops

- Verdienen Sie an jedem Verkauf

Jetzt bei www.GRIN.com hochladen
und kostenlos publizieren